Yogita Yashveer Raghav
Aditi Chauhan

Fundamentos da computação em nuvem

Yogita Yashveer Raghav
Aditi Chauhan

Fundamentos da computação em nuvem

Soluções inovadoras para a era digital

Imprint

Any brand names and product names mentioned in this book are subject to trademark, brand or patent protection and are trademarks or registered trademarks of their respective holders. The use of brand names, product names, common names, trade names, product descriptions etc. even without a particular marking in this work is in no way to be construed to mean that such names may be regarded as unrestricted in respect of trademark and brand protection legislation and could thus be used by anyone.

Cover image: www.ingimage.com

This book is a translation from the original published under ISBN 978-620-7-64834-4.

Publisher:
Sciencia Scripts
is a trademark of
Dodo Books Indian Ocean Ltd. and OmniScriptum S.R.L publishing group

120 High Road, East Finchley, London, N2 9ED, United Kingdom
Str. Armeneasca 28/1, office 1, Chisinau MD-2012, Republic of Moldova, Europe
Printed at: see last page
ISBN: 978-620-7-67878-5

ÍNDICE

CAPÍTULO 1

INTRODUÇÃO À COMPUTAÇÃO EM NUVEM

Introdução

A computação em nuvem é a prestação de serviços de computação através da Internet (a nuvem), permitindo o acesso a pedido a um conjunto partilhado de recursos configuráveis, como servidores, armazenamento, bases de dados, redes, software e muito mais. Estes serviços são fornecidos por fornecedores de serviços de computação em nuvem (CSP) como a Amazon Web Services (AWS), a Microsoft Azure, a Google Cloud Platform (GCP), entre outros.

Evolução da computação em nuvem

A computação em nuvem evoluiu significativamente ao longo das últimas décadas, transformando-se de um conceito teórico numa tecnologia omnipresente que impulsiona a computação empresarial e pessoal moderna. Segue-se uma análise pormenorizada da evolução da computação em nuvem:

1. Conceitos iniciais e fundamentos 1960s:

Mainframes e partilha de tempo: O conceito de computação em nuvem remonta à década de 1960 com o advento dos mainframes. As empresas utilizavam sistemas de tempo partilhado para maximizar a utilização dos dispendiosos computadores mainframe, permitindo que vários utilizadores acedessem a um sistema central em simultâneo. J.C.R. Licklider: Visionário por detrás da ARPANET, propôs a ideia de uma "rede informática intergaláctica" que ligaria pessoas e dados a nível mundial, lançando as bases da moderna computação em nuvem.

1970s:

Máquinas virtuais (VMs): A IBM introduziu o conceito de virtualização com os seus sistemas operativos VM, permitindo a execução simultânea de vários sistemas operativos numa única máquina física. Este foi um importante precursor da computação em nuvem.

2. Desenvolvimento da computação em rede na década de 1980:

Modelo cliente-servidor: Surgimento do modelo cliente-servidor em que vários clientes (utilizadores) podiam pedir e receber serviços de um servidor centralizado. Este modelo melhorou a partilha e a utilização de recursos.

1990s:

Ascensão da Internet: A adoção generalizada da Internet permitiu uma maior conetividade e comunicação, tornando possível a prestação de serviços informáticos através da Internet.

Web1.0: Começaram a surgir os primeiros sítios Web e serviços, fornecendo informações estáticas e serviços básicos em linha.

3. Conceitos e implementações iniciais da nuvem na década de 1990:

Aplicações Fornecedores de serviços de aplicações (ASPs): As empresas começaram a oferecer aplicações de software através da Internet, um precursor do Software as a Service (SaaS).

Salesforce: Fundada em 1999, a Salesforce.com tornou-se um dos primeiros grandes fornecedores de SaaS, oferecendo o seu software de gestão das relações com os clientes (CRM) através da Internet.

2000s:

Web 2.0: Surgimento de aplicações Web dinâmicas e interactivas que permitiram aos utilizadores interagir e colaborar através da Web, impulsionando a procura de serviços de nuvem mais robustos. Amazon Web Services (AWS):

Lançada em 2006, a AWS ofereceu um conjunto de serviços baseados na nuvem, incluindo armazenamento (Amazon S3) e poder de computação (Amazon EC2). Isto marcou o verdadeiro início da computação em nuvem moderna.

4. Crescimento e diversificação Anos 2000:

Google Cloud Platform (GCP): A Google entrou no mercado da nuvem com serviços como o Google App Engine em 2008.

Microsoft Azure: Lançado em 2010, o Microsoft Azure expandiu o mercado de nuvem oferecendo uma ampla gama de serviços de nuvem, incluindo computação, análise, armazenamento e rede.

2010s:

Estratégias híbridas e de várias nuvens: As empresas começaram a adotar modelos de nuvem híbrida, combinando nuvens privadas e públicas para aproveitar os benefícios de ambas. Também surgiram estratégias de várias nuvens, em que as empresas usavam serviços de vários provedores de nuvem.

Containerização e microsserviços: Tecnologias como Docker e Kubernetes ganharam popularidade, permitindo a implantação e o gerenciamento de aplicativos mais eficientes na nuvem.

5. Tendências actuais e direcções futuras Década de 2020:

Computação sem servidor: Adoção de arquitecturas sem servidor, em que os fornecedores de nuvem gerem a infraestrutura, permitindo que os programadores se concentrem apenas no código. AWS Lambda, Azure Functions e Google Cloud Functions são exemplos.

Computação de borda: Extensão das capacidades da nuvem a dispositivos de ponta para reduzir a latência e processar dados mais perto da sua fonte. Isto é fundamental para aplicações como a IoT, veículos autónomos e cidades inteligentes.

IA e aprendizagem automática: As plataformas em nuvem oferecem cada vez mais serviços de IA e ML, permitindo que as empresas integrem análises avançadas e inteligência nas suas aplicações sem necessitarem de conhecimentos especializados.

Principais inovações e marcos

Virtualização: Permitiu a utilização eficiente de recursos e a escalabilidade, formando a base da computação em nuvem.

Modelos de serviço: O desenvolvimento de IaaS, PaaS e SaaS permitiu às empresas escolherem serviços com base nas suas necessidades específicas.

APIs e DevOps: O surgimento de APIs e práticas de DevOps facilitou a integração e a implantação de serviços em nuvem.

Conclusão

A evolução da computação em nuvem foi impulsionada pelos avanços nas tecnologias de rede, virtualização e Internet. Desde os primórdios dos mainframes e da partilha de tempo até aos sofisticados ecossistemas de nuvem actuais, a computação em nuvem revolucionou a forma como as empresas funcionam, oferecendo flexibilidade, escalabilidade e eficiência sem precedentes. À medida que a tecnologia de computação em nuvem continua a evoluir, promete impulsionar mais inovação e transformação em todos os sectores da economia.

Características da computação em nuvem

• Autosserviço a pedido: Os utilizadores podem fornecer recursos informáticos conforme necessário, automaticamente, sem necessidade de interação humana com cada fornecedor de serviços.

• Acesso alargado à rede: Os recursos estão disponíveis na rede e são acedidos através de mecanismos normalizados que promovem a utilização por plataformas heterogéneas de clientes finos ou grossos.

• Pooling de recursos: Os recursos informáticos dos fornecedores são agrupados para servir vários consumidores utilizando um modelo multi-tenant, com diferentes recursos físicos e virtuais atribuídos e reatribuídos dinamicamente de acordo com a procura.

• Elasticidade rápida: As capacidades podem ser aprovisionadas e libertadas de forma elástica para escalar rapidamente para fora e para dentro, de acordo com a procura.

• Serviço medido: Os sistemas de computação em nuvem controlam e optimizam automaticamente a utilização dos recursos, tirando partido de uma capacidade de medição a um nível de abstração adequado ao tipo de serviço.

Modelos de serviços em nuvem (IaaS, PaaS, SaaS)

• Infraestrutura como um serviço (IaaS): Fornece recursos de computação virtualizados através da Internet. Os exemplos incluem AWS EC2, Google Compute Engine e Azure Virtual Machines. Os utilizadores podem alugar máquinas virtuais e espaço de armazenamento e gerir sistemas operativos e aplicações.

• Plataforma como um serviço (PaaS): Oferece ferramentas de hardware e software através da Internet, normalmente para o desenvolvimento de aplicações. Os exemplos incluem o AWS Elastic Beanstalk, o Google App Engine e o Azure App Services. A PaaS elimina a necessidade de as organizações gerirem a infraestrutura subjacente.

• Software como um serviço (SaaS): Fornece aplicações de software através da Internet, com base numa subscrição. Os exemplos incluem o Google Workspace, o Microsoft Office 365 e o Salesforce. Os fornecedores de SaaS alojam e gerem a aplicação de software e a infraestrutura subjacente.

Modelos de implantação de nuvem (pública, privada, híbrida, comunitária)

• Nuvem pública: Os serviços são fornecidos através da Internet pública e partilhados entre organizações . Os exemplos incluem AWS, Azure e GCP.

• Nuvem privada: A infraestrutura de nuvem é operada exclusivamente para uma única organização. Pode ser gerida internamente ou por terceiros e alojada interna ou externamente.

• Nuvem híbrida: Combina nuvens públicas e privadas, permitindo a partilha de dados e aplicações entre elas. Proporciona maior flexibilidade e otimização da infraestrutura existente, segurança e conformidade.

Benefícios

• Eficiência de custos: Reduz as despesas de capital na compra de hardware e software e na criação e funcionamento de centros de dados no local.

• Escalabilidade: Oferece recursos flexíveis para aumentar ou diminuir conforme necessário, garantindo um desempenho ótimo.

• Desempenho: Proporciona um elevado desempenho com as grandes quantidades de recursos informáticos disponíveis.

• Rapidez e agilidade: Aumenta a velocidade de implantação de novos recursos de TI, reduzindo o tempo para disponibilizar esses recursos para os desenvolvedores.

• Alcance global: Os serviços em nuvem estão disponíveis em qualquer parte do mundo, facilitando a implantação e o acesso globais.

• Recuperação de desastres e backup: Simplifica os processos de backup e recuperação de desastres, reduzindo o risco de perda de dados.

Desafios

• Segurança: Garantir a privacidade e a segurança dos dados na nuvem é uma grande preocupação.

• Conformidade: O cumprimento de requisitos e normas regulamentares pode ser complexo.

- Tempo de inatividade: Apesar da alta disponibilidade, os serviços em nuvem podem sofrer interrupções.

- Bloqueio do fornecedor: A migração de serviços de um fornecedor de serviços em nuvem para outro pode ser um desafio.

- Gestão e monitorização: Requer ferramentas eficazes de gestão e monitorização para garantir o desempenho e a otimização dos recursos.

Conclusão

A computação em nuvem representa uma mudança significativa em relação à forma tradicional como as empresas pensam sobre os recursos de TT. Ao fornecer soluções escaláveis, flexíveis e rentáveis, a computação em nuvem permite que as organizações se concentrem mais nas suas actividades principais e menos na infraestrutura de TI. À medida que a tecnologia continua a evoluir, espera-se que a adoção e a inovação no âmbito da computação em nuvem cresçam, oferecendo ainda mais oportunidades tanto para as empresas como para os programadores.

CAPÍTULO 2

VIRTUALIZAÇÃO

A virtualização é o processo de criação de uma versão virtual de algo, como plataformas de hardware, dispositivos de armazenamento e recursos de rede. Esta tecnologia permite que várias instâncias virtuais sejam executadas num único sistema de hardware físico, melhorando assim a utilização de recursos e a flexibilidade.

Conceitos-chave

Máquina virtual (VM): Uma máquina virtual é uma emulação de um sistema de computador. As VMs são executadas em máquinas físicas utilizando um hipervisor, que gere e atribui recursos a cada VM.

Hipervisor: Também conhecido como monitor de máquina virtual (VMM), um hipervisor é um software que cria e executa VMs. Ele gerencia a distribuição de recursos físicos para instâncias virtuais. Existem dois tipos:

Tipo 1 (Bare-Metal): É executado diretamente no hardware físico (por exemplo, VMware ESXi, Microsoft Hyper-V).

Tipo 2 (hospedado): É executado num sistema operativo anfitrião (por exemplo, VMware Workstation, Oracle VM VirtualBox).

Tipos de virtualizações

1. Virtualização de hardware:

• Virtualização completa: Todo o hardware é simulado, permitindo que sistemas operativos não modificados sejam executados num ambiente virtual. Os exemplos incluem VMware e KVM (Máquina Virtual baseada em Kernel).

• Paravirtualização: O SO convidado está ciente da virtualização e interage com o hipervisor. Esta abordagem pode oferecer um melhor desempenho. Os exemplos incluem as ferramentas Xen e VMware para um desempenho optimizado.

2. Virtualização do ambiente de trabalho: Separa o ambiente de trabalho do dispositivo físico. Os utilizadores podem aceder ao seu ambiente de trabalho a partir de qualquer local e dispositivo. Os exemplos incluem soluções de Infraestrutura de Desktop Virtual (VDI) como o Citrix XenDesktop e o VMware Horizon.

3. Virtualização de aplicativos: Abstrai as aplicações do SO subjacente, permitindo que sejam executadas em contentores isolados. Isto permite que as aplicações sejam implementadas e geridas de forma centralizada. Os exemplos incluem o VMware ThinApp e o Microsoft App-V.

4. Virtualização de rede: Combina recursos de rede de hardware e software numa única entidade administrativa baseada em software. Isso inclui a criação de redes virtuais, switches e roteadores. Os exemplos incluem VMware NSX e Cisco ACI.

5. Virtualização de armazenamento: Agrupa o armazenamento físico de vários dispositivos num único dispositivo de armazenamento virtual que é gerido a partir de uma consola central. Isso aumenta a eficiência e a flexibilidade. Os exemplos incluem o IBM SAN Volume Controller e o VMware vSAN.

Benefícios da virtualização

• Otimização de recursos: Melhor utilização dos recursos de hardware, executando várias VMs numa única máquina física.

• Poupança de custos: Redução dos custos operacionais e de hardware através da consolidação de servidores e da otimização da utilização de recursos.

• Escalabilidade e flexibilidade: Aumente ou diminua facilmente os recursos conforme necessário, sem alterações físicas de hardware.

• Isolamento: As VMs funcionam de forma independente umas das outras, proporcionando isolamento entre diferentes aplicações e ambientes.

• Recuperação de desastres: Simplifica os processos de backup e recuperação, pois as VMs podem ser facilmente copiadas e restauradas.

Casos de utilização

• Consolidação de servidores: Reduzir o número de servidores físicos alojando várias VMs em menos máquinas físicas.

• Testes e desenvolvimento: Criação de ambientes isolados para testes e desenvolvimento sem afetar os sistemas de produção.

• Recuperação de desastres: Implementação de ambientes virtualizados para melhorar os planos de recuperação de desastres, permitindo a rápida recuperação e migração de instâncias virtuais.

• Computação em nuvem: Permitir que os fornecedores de serviços de computação em nuvem ofereçam recursos de computação escaláveis e flexíveis aos seus clientes.

Desafios

• Sobrecarga de desempenho: Alguns ambientes virtuais podem introduzir uma sobrecarga de desempenho em comparação com a execução direta no hardware físico.

• Complexidade: A gestão de um ambiente virtualizado pode ser complexa, exigindo conhecimentos e ferramentas especializados.

• Segurança: As VMs podem ser vulneráveis a riscos de segurança, exigindo medidas e práticas de segurança robustas.

Conclusão

A virtualização é uma tecnologia fundamental na infraestrutura de TI moderna, permitindo uma utilização eficiente, flexível e escalável dos recursos informáticos. Ao abstrair os recursos de hardware e criar ambientes virtuais, as organizações podem otimizar as suas operações, reduzir os custos e melhorar a escalabilidade. À medida que a tecnologia continua a avançar, a virtualização desempenhará um papel cada vez mais importante na evolução da computação em nuvem e no gerenciamento da infraestrutura de TI.

CAPÍTULO 3

CENTROS DE DADOS E COMPONENTES DE INFRA-ESTRUTURAS

A infraestrutura de nuvem é a espinha dorsal da computação em nuvem, fornecendo os recursos de hardware e software necessários para apoiar a implantação, o gerenciamento e o fornecimento de serviços de nuvem. Esta secção abordará os principais componentes da infraestrutura de nuvem, incluindo centros de dados, virtualização, escalabilidade, elasticidade, alta disponibilidade e infraestrutura definida por software.

Centros de dados:

Definição: Um centro de dados é uma instalação que aloja equipamento informático e de rede. Fornece serviços críticos, como armazenamento, processamento e backup de dados.

Componentes:

Servidores: Máquinas físicas que fornecem potência de computação para executar aplicações e serviços.

Sistemas de armazenamento: Dispositivos e sistemas que armazenam dados, incluindo discos rígidos, SSDs, SANs (Storage Area Networks) e NAS (Network Attached Storage).

Equipamento de rede: Routers, switches, firewalls e outros dispositivos que gerem o tráfego de dados e a conetividade dentro do centro de dados e para redes externas.

Sistemas de energia e de refrigeração: Assegurar que o equipamento funciona dentro de intervalos de temperatura seguros e que dispõe de uma fonte de alimentação fiável.

Componentes das infra-estruturas:

Recursos de computação: Servidores e máquinas virtuais que fornecem o poder de processamento para aplicações e cargas de trabalho.

Recursos de armazenamento: Vários tipos de armazenamento, incluindo armazenamento em bloco, armazenamento de ficheiros e armazenamento de objectos, para satisfazer diferentes requisitos de dados.

Recursos de rede: Componentes de rede que garantem que os dados são transmitidos de forma eficiente e segura entre as diferentes partes da infraestrutura e para os utilizadores finais.

Virtualização de servidores:

Definição: O processo de criação de várias instâncias virtuais de servidores num único servidor físico utilizando um hipervisor.

Benefícios: Melhor utilização dos recursos, isolamento entre ambientes e gestão mais fácil dos recursos.

Exemplos: VMware vSphere, Microsoft Hyper-V, KVM (máquina virtual baseada em kernel).

Virtualização do armazenamento:

Definição: O agrupamento do armazenamento físico de vários dispositivos num único recurso de armazenamento virtual que é gerido centralmente.

Benefícios: Gestão simplificada, melhor utilização dos recursos de armazenamento e maior escalabilidade.

Exemplos: IBM SAN Volume Controller, VMware vSAN, Dell EMC VPLEX.

Virtualização de rede:

Definição: A abstração dos recursos da rede física em redes virtuais, permitindo uma gestão mais flexível e eficiente.

Benefícios: Gerenciamento de rede aprimorado, escalabilidade melhorada e a capacidade de criar redes virtuais isoladas.

Exemplos: VMware NSX, Cisco ACI, OpenStack Neutron.

Escalabilidade:

Definição: A capacidade de aumentar ou diminuir os recursos informáticos conforme necessário para satisfazer a procura variável.

Tipos:

Escalonamento vertical (Scale-Up): Adição de mais recursos a um único servidor, como mais CPU ou RAM.

Escalonamento horizontal (Scale-Out): Adição de mais servidores para distribuir a carga.

Importância:Assegura que as aplicações podem lidar com cargas maiores sem degradação do desempenho.

Elasticidade:

Definição: A capacidade de aumentar ou diminuir automaticamente os recursos com base na procura atual.

Importância: Proporciona eficiência de custos através da afetação de recursos apenas quando são necessários e da sua desalocação quando não estão a ser utilizados.

Exemplos: Escalonamento automático do AWS, conjuntos de escalonamento de máquinas virtuais do Azure, Google Cloud Autoscaler.

Alta disponibilidade (HA):

Definição: A conceção e implementação de sistemas que asseguram um funcionamento contínuo e um tempo de inatividade mínimo.

Componentes:

Redundância: Múltiplas instâncias de componentes críticos para evitar pontos únicos de falha.

Mecanismos de transferência em caso de falha: Comutação automática para um sistema de reserva em caso de falha.

Importância: Garante que os serviços permaneçam disponíveis mesmo em caso de falhas de hardware ou software.

Exemplos: AWS Elastic Load Balancing, Azure Availability Sets, Google Cloud Load Balancing.

Infraestrutura definida por software

Definição: Uma abordagem em que a infraestrutura é gerida e controlada por software e não por hardware. Inclui computação, armazenamento e redes definidos por software.

Componentes:

Computação definida por software (SDC): Utiliza a virtualização para criar e gerir máquinas virtuais e contentores.

Armazenamento definido por software (SDS): Abstrai e agrupa recursos de armazenamento físico, geridos através de software.

Redes definidas por software (SDN): Utiliza controladores baseados em software para gerir os recursos da rede e os fluxos de tráfego.

Benefícios:

• Flexibilidade: Configure e reconfigure facilmente os recursos conforme necessário.

• Eficiência: Otimizar a utilização e gestão de recursos através da automatização.

• Escalabilidade: Dimensione os recursos de forma rápida e fácil para atender à demanda.

• Automatização: Utilizar software para automatizar tarefas de rotina, reduzindo a intervenção manual e os erros.

Exemplos:

SDC: VMware vSphere, OpenStack Nova. SDS: VMware vSAN, Ceph. SDN: OpenFlow, VMware NSX, Cisco ACI.

Conclusão

A infraestrutura de nuvem é a base da computação em nuvem moderna, consistindo em centros de dados, tecnologias de virtualização e componentes definidos por software. A capacidade de escalar, fornecer alta disponibilidade e automatizar a gestão de recursos através da infraestrutura definida por software torna a computação em nuvem uma solução poderosa e flexível para satisfazer as exigências das empresas modernas. À medida que a tecnologia continua a evoluir, a infraestrutura de nuvem desempenhará um papel cada vez mais importante para permitir a inovação e a eficiência nas operações de TI.

CAPÍTULO 4

SEGURANÇA DA NUVEM

A segurança da nuvem é um aspeto crítico da computação em nuvem, garantindo a proteção de dados, aplicações e serviços contra ameaças e vulnerabilidades. Esta secção abordará os principais componentes da segurança na nuvem, incluindo desafios de segurança, proteção de dados, gestão de identidade e acesso, encriptação, gestão de chaves, conformidade e governação.

Desafios de segurança na computação em nuvem

Violações de dados: O acesso não autorizado a dados sensíveis pode levar a danos financeiros e de reputação significativos.

Mitigação: Implementar controlos de acesso fortes, encriptação e auditorias de segurança regulares.

Gestão insuficiente da identidade e do acesso: A autenticação e a autorização fracas ou incorretamente geridas podem conduzir a um acesso não autorizado.

Mitigação: Utilizar práticas IAM robustas, autenticação multi-fator (MFA) e princípios de privilégio mínimo.

APIs e interfaces inseguras: Os serviços em nuvem dependem de APIs, que podem ser vulneráveis a ataques se não estiverem devidamente protegidas.

Mitigação: Atualizar e proteger regularmente as API, utilizar uma autenticação forte e utilizar gateways de API.

Sequestro de contas: Os atacantes podem obter o controlo das contas de utilizador e utilizá-las indevidamente para fins maliciosos.

Mitigação: Utilizar MFA, monitorizar a atividade da conta e implementar políticas de palavras-passe fortes.

Ameaças internas: Os funcionários ou contratantes com acesso legítimo podem utilizar indevidamente dados ou sistemas.

Mitigação: Efetuar verificações de antecedentes, monitorizar as actividades e aplicar controlos de acesso rigorosos.

Perda de dados: Os dados podem ser apagados ou corrompidos de forma acidental ou maliciosa.

Mitigação: Implementar cópias de segurança regulares, utilizar soluções de armazenamento redundantes e estabelecer procedimentos de recuperação de dados.

Conformidade e riscos legais: Os fornecedores e utilizadores de serviços em nuvem devem cumprir vários requisitos regulamentares e legais.

Mitigação: Manter-se informado sobre os regulamentos relevantes, efetuar auditorias de conformidade regulares e utilizar serviços que cumpram as normas regulamentares.

Proteção de dados e privacidade Classificação de dados:

Identificar e classificar os dados com base na sua sensibilidade e importância.

Práticas: Utilizar etiquetagem e metadados para rotular os dados e aplicar controlos de segurança adequados com base na classificação.

Mascaramento e anonimização de dados:

Técnicas para ocultar dados sensíveis para proteger a privacidade.

Utilização: Utilize a máscara de dados para ambientes que não sejam de produção e a anonimização para partilhar conjuntos de dados sem revelar informações pessoais.

Controlos de acesso:

Restringir o acesso aos dados com base em funções e responsabilidades.

Técnicas: Utilizar o controlo de acesso baseado em funções (RBAC) e o controlo de acesso baseado em atributos (ABAC).

Minimização de dados:

Recolher e conservar apenas os dados necessários para reduzir o risco de exposição. Abordagem: Rever e eliminar regularmente os dados desnecessários.

Gestão de Identidade e Acesso (IAM)

Gestão da identidade:

Assegurar que as identidades dos utilizadores, dispositivos e serviços são verificadas e geridas. Componentes: Use diretórios como AWS IAM, Azure AD e Google Cloud IAM. **Gerenciamento de acesso:**

Controlar quem pode aceder a que recursos e em que condições. Práticas: Implementar RBAC, ABAC e controlo de acesso baseado em políticas.

Autenticação multifactor (MFA):

Acrescentar uma camada adicional de segurança, exigindo múltiplas formas de verificação. Implementação: Utilizar a MFA para aplicações e pontos de acesso críticos.

Início de sessão único (SSO):

Permitir que os utilizadores iniciem sessão uma vez e acedam a várias aplicações.

Benefícios: Simplifica a experiência do utilizador e melhora a segurança, reduzindo a fadiga da palavra-passe.

Gestão de Identidade Federada:

Permitir que os utilizadores utilizem a sua identidade em diferentes sistemas e organizações. Tecnologias: Utilizar SAML, OAuth e OpenID Connect para identidade federada. Encriptação e gestão de chaves

Encriptação de dados:

Proteger os dados convertendo-os num formato ilegível utilizando algoritmos de encriptação. Tipos: Encriptar dados em repouso, em trânsito e em utilização. Gestão de chaves:

Criar, gerir e armazenar chaves de encriptação de forma segura.

Serviços: Utilize serviços de fornecedores de nuvem como o AWS KMS, o Azure Key Vault e o Google Cloud KMS.

Algoritmos de encriptação:

Utilize algoritmos fortes e amplamente aceites, como o AES-256 e o RSA-2048. Melhores práticas: Atualizar e rodar regularmente as chaves de encriptação.

Encriptação de ponta a ponta:

Assegurar que os dados são encriptados em todos os pontos entre a origem e o destino. Aplicação: Utilizar para comunicações e transacções sensíveis. Conformidade e governação

Conformidade regulamentar:

Cumprir as leis e regulamentos relevantes para a proteção e privacidade dos dados. Exemplos: GDPR, HIPAA, CCPA e PCI-DSS.

Estruturas de segurança na nuvem:

Implementar normas e quadros da indústria para a segurança da nuvem.

Normas: Utilize estruturas como NIST, ISO/IEC 27001 e CIS Benchmarks.

Auditoria e controlo:

Auditar regularmente os ambientes de nuvem e monitorizar a conformidade e as violações de segurança.

Ferramentas: Utilize ferramentas nativas da nuvem, como o AWS CloudTrail, o Azure Monitor e o Google Cloud Audit Logs.

Políticas e procedimentos:

Desenvolver e aplicar políticas e procedimentos de segurança para a utilização da nuvem.

Documentação: Manter actualizadas as políticas de segurança, os planos de resposta a incidentes e os planos de recuperação de desastres.

Gestão de riscos:

Identificar, avaliar e atenuar os riscos associados aos ambientes de nuvem. Práticas: Realizar avaliações de risco regulares e implementar estratégias de atenuação.

Conclusão

A segurança na nuvem é uma disciplina abrangente que engloba várias estratégias e tecnologias para proteger dados, aplicações e infra-estruturas em ambientes de nuvem. Para garantir a segurança das operações na nuvem, é essencial enfrentar os desafios de segurança, garantir a proteção e a privacidade dos dados, implementar práticas IAM sólidas, gerir eficazmente as chaves de encriptação e aderir a estruturas de conformidade e governação. À medida que a tecnologia da nuvem evolui, a melhoria contínua e a vigilância das práticas de segurança na nuvem continuarão a ser cruciais.

CAPÍTULO 5

FORNECEDORES DE SERVIÇOS EM NUVEM

Principais fornecedores de serviços em nuvem

Serviços Web da Amazon (AWS)

Visão geral: Lançada em 2006, a AWS é o principal fornecedor de serviços de nuvem que oferece uma plataforma de nuvem abrangente e amplamente adoptada.

Serviços essenciais:

Computação: EC2 (Elastic Compute Cloud), Lambda, ECS (Elastic Container Service). Armazenamento: S3 (Simple Storage Service), EBS (Elastic Block Store), Glacier.
Base de dados: RDS (Serviço de Base de Dados Relacional), DynamoDB, Aurora. Redes: VPC (Virtual Private Cloud), Route 53, CloudFront.
Aprendizagem automática: SageMaker, Rekognition, Comprehend. Ferramentas para desenvolvedores: CodeDeploy, CodePipeline, CloudFormation.

Microsoft Azure

Descrição geral: Lançado em 2010, o Azure oferece uma vasta gama de serviços de nuvem e integra-se perfeitamente com os produtos empresariais da Microsoft.

Serviços essenciais:

Computação: Máquinas virtuais do Azure, Funções do Azure, AKS (Serviço de Kubernetes do Azure).

Armazenamento: Armazenamento de Blob do Azure, Ficheiros do Azure,

Armazenamento de Disco do Azure.

Base de dados: Base de dados SQL do Azure, Cosmos DB, Base de dados do Azure para MySQL. Redes: Rede Virtual do Azure, Balanceador de Carga do Azure, CDN do Azure. Aprendizagem automática: Aprendizado de Máquina do Azure, Serviços Cognitivos, Serviço de Bot.

Ferramentas para programadores: Azure DevOps, Visual Studio, integração do GitHub.

Plataforma Google Cloud (GCP)

Descrição geral: Lançado em 2008, o GCP tira partido da infraestrutura da Google e oferece fortes capacidades de análise de dados e aprendizagem automática.

Serviços essenciais:

Computação: Compute Engine, Cloud Functions, GKE (Google Kubernetes Engine). Armazenamento: Armazenamento em nuvem, disco persistente, armazenamento de arquivos em nuvem.
Base de dados: Cloud SQL, Firestore, Bigtable.

Redes: VPC (nuvem privada virtual), balanceamento de carga na nuvem, CDN na nuvem. Aprendizagem automática: Plataforma de IA, AutoML, TensorFlow.
Ferramentas para desenvolvedores: Cloud Build, Cloud Source Repositories, Cloud Deployment Manager.

Comparação de serviços e modelos de preços

Serviços de computação:

AWS: O EC2 oferece uma vasta gama de tipos de instâncias, modelos de preços (instâncias a pedido, reservadas, spot) e personalizações.

Azure: As Máquinas Virtuais fornecem uma flexibilidade semelhante com funcionalidades adicionais, como o Benefício Híbrido do Azure, para poupança de custos.

GCP: O Compute Engine oferece faturação ao segundo, tipos de VM personalizados e descontos de utilização sustentada.

Serviços de armazenamento:

AWS: O preço do S3 baseia-se no armazenamento utilizado, nos pedidos e na transferência de dados. O Glacier fornece armazenamento de arquivo de baixo custo.

Azure: O preço do Blob Storage é competitivo com vários níveis (Hot, Cool, Archive) para gerir os custos.

GCP: O Cloud Storage oferece preços uniformes em todas as regiões, com diferentes classes (Standard, Nearline, Coldline, Archive).

Serviços de base de dados:

AWS: O RDS oferece vários mecanismos de banco de dados e o preço é baseado no tipo de instância, armazenamento e E/S.

Azure: O preço do Banco de Dados SQL depende de DTUs ou vCores, com opções para bancos de dados individuais ou pools elásticos.

GCP: O Cloud SQL fornece faturação por minuto, com cópias de segurança automatizadas e opções de alta disponibilidade.

Serviços de aprendizagem automática:

AWS: O preço do SageMaker inclui o tipo de instância, o armazenamento de dados e as taxas de processamento de dados.

Azure: O Azure Machine Learning cobra com base em computação, armazenamento e formação de modelos.

GCP: os preços da Plataforma de IA incluem treinamento, previsão e implantação de modelos, com opções de TPU (Unidade de Processamento de Tensor).

Modelos de preços:

AWS: Oferece instâncias a pedido, reservadas e pontuais para computação. O preço do armazenamento varia consoante o tipo de serviço e a utilização.

Azure: Fornece modelos de preços de pagamento conforme o uso, instâncias reservadas e benefícios híbridos.

GCP: utiliza o pagamento conforme o uso com descontos de uso sustentado, contratos de uso comprometido e VMs preemptivas para economia de custos.

Estudos de caso de implementações na nuvem Netflix (AWS):

Visão geral: A Netflix utiliza o AWS para o seu enorme serviço de streaming, tirando partido de uma vasta gama de serviços AWS.

Implementação: Utiliza EC2 para computação, S3 para armazenamento e DynamoDB para necessidades de base de dados. Lambda e CloudFront também são componentes-chave.

Vantagens: Escalabilidade para lidar com grandes volumes de dados de streaming, alcance global e recuperação robusta de desastres.

Adobe (Azure):

Visão geral: A Adobe transferiu muitos dos seus serviços para o Azure para melhorar o desempenho e a escalabilidade.

Implementação: Utiliza Máquinas Virtuais Azure, Armazenamento Blob e Base de Dados SQL para os seus serviços Creative Cloud e Document Cloud.

Benefícios: Melhoria da experiência do cliente através de um melhor desempenho, integração com as ferramentas Microsoft existentes e segurança reforçada.

Spotify (GCP):

Descrição geral: O Spotify utiliza o GCP para gerir o seu serviço de streaming de música, centrando-se na análise de dados e na aprendizagem automática.

Implementação: Utiliza o BigQuery para análise de dados, o armazenamento em nuvem para grandes conjuntos de dados e a plataforma de IA para modelos de aprendizagem automática.

Benefícios: Capacidade de analisar grandes volumes de dados em tempo real, capacidades melhoradas de aprendizagem automática e poupanças de custos resultantes de descontos de utilização sustentada.

Conclusão

Os principais fornecedores de serviços na nuvem - AWS, Microsoft Azure e Google Cloud Platform - oferecem uma vasta gama de serviços e modelos de preços para satisfazer diversas necessidades empresariais. Cada fornecedor tem pontos fortes únicos, como as extensas ofertas de serviços da AWS, a integração perfeita do Azure com os produtos Microsoft e a proeza do GCP na análise de dados e na aprendizagem automática. Estudos de caso de empresas como a Netflix, Adobe e Spotify destacam os benefícios da adoção da nuvem, incluindo escalabilidade, melhorias de desempenho e redução de custos. Ao escolher um fornecedor de serviços na nuvem, as empresas devem considerar os seus requisitos específicos, as ofertas de serviços e os modelos de preços para tomar uma decisão informada.

CAPÍTULO 6

APLICAÇÕES E DESENVOLVIMENTO NA NUVEM

A arquitetura das aplicações em nuvem refere-se à conceção e à estrutura das aplicações que tiram partido dos ambientes de computação em nuvem. Os principais princípios e componentes incluem:

Escalabilidade:

Conceber aplicações para escalar horizontalmente, adicionando mais instâncias à medida que a procura aumenta.

Utilize balanceadores de carga para distribuir o tráfego entre vários servidores.

Disponibilidade e fiabilidade:

Implementar mecanismos de redundância e failover para garantir uma elevada disponibilidade. Utilizar várias zonas e regiões de disponibilidade para reduzir o risco de interrupções. **Ausência de estado:**
Conceber aplicações sem estado, em que cada pedido é independente e não depende de interacções anteriores.

Utilize sistemas de cache distribuídos como o Redis ou o Memcached para gerir o estado, se necessário.

Arquitetura orientada para os serviços (SOA):

Dividir as aplicações em serviços mais pequenos e independentes que comunicam através de uma rede.

Utilize APIs RESTful ou filas de mensagens (como o AWS SQS ou o Azure Service Bus) para comunicação entre serviços.

Conceção de bases de dados:

Utilizar serviços geridos de bases de dados para aliviar as preocupações com a manutenção e o escalonamento. Implemente a replicação e as cópias de segurança da base de dados para garantir a durabilidade dos dados.

Segurança:

Aplicar o princípio do menor privilégio no acesso aos recursos.

Encriptar os dados em repouso e em trânsito e utilizar soluções de gestão de identidade e acesso (IAM).

Ferramentas e estruturas de desenvolvimento

O desenvolvimento de aplicações na nuvem implica a utilização de uma variedade de ferramentas e estruturas que suportam diferentes aspectos do ciclo de vida do desenvolvimento:

Ambientes de desenvolvimento integrado (IDEs):

Visual Studio Code: Um editor de código-fonte leve, mas poderoso, com suporte para muitas linguagens de programação e serviços de nuvem.

IntelliJ IDEA: Um IDE Java abrangente que suporta plug-ins e integrações na nuvem.

Controlo de versões:

Git: Um sistema de controlo de versões distribuído amplamente utilizado no desenvolvimento de aplicações na nuvem.

GitHub/GitLab/Bitbucket: Plataformas para alojar e gerir repositórios Git, fornecendo funcionalidades para colaboração, CI/CD e muito mais.

Quadros de desenvolvimento:

Node.js: Um tempo de execução JavaScript construído no motor V8 do Chrome, ideal para criar aplicações de rede escaláveis.

Spring Boot: Uma estrutura Java para criar microsserviços com configuração mínima.

Django/Flask: Estruturas Python para o desenvolvimento rápido de aplicações Web.

SDKs e APIs de nuvem:

AWS SDK: Fornece ferramentas para trabalhar com os serviços AWS em várias linguagens de programação.

SDK do Azure: Ferramentas e bibliotecas para criar aplicações no Azure.

SDK do Google Cloud: Ferramentas de linha de comando e bibliotecas de clientes para interagir com os serviços do GCP.

Contentores e microsserviços

Os contentores e os microsserviços são componentes essenciais do desenvolvimento moderno de aplicações na nuvem, permitindo uma melhor gestão, dimensionamento e implementação de aplicações.

Contentores:

Docker: Uma plataforma para desenvolver, enviar e executar aplicações em contentores. O Docker permite a consistência em vários ambientes (desenvolvimento, teste, produção).

Kubernetes: Um sistema de orquestração de código aberto para automatizar a implantação, o dimensionamento e o gerenciamento de aplicativos em contêineres. Ele é compatível com todos os principais provedores de nuvem

(EKS para AWS, AKS para Azure, GKE para GCP).

Microsserviços:

Definição: Um estilo arquitetónico que estrutura uma aplicação como uma coleção de pequenos serviços fracamente acoplados, cada um implementando uma capacidade comercial.

Vantagens: Maior escalabilidade, flexibilidade e facilidade de manutenção. Cada serviço pode ser desenvolvido, implantado e escalado de forma independente.

Desafios: Maior complexidade na gestão da comunicação entre serviços, da coerência dos dados e da implantação.

DevOps e integração contínua/implantação contínua (CI/CD)

As práticas de DevOps e os pipelines de CI/CD são essenciais para o desenvolvimento e a implantação eficientes e fiáveis de aplicações na nuvem.

DevOps:

Definição: Um conjunto de práticas que combina o desenvolvimento de software (Dev) e as operações de TI (Ops) para encurtar o ciclo de vida do desenvolvimento e fornecer continuamente software de alta qualidade.

Princípios: Cultura de colaboração, automação, melhoria contínua e medição.

CI/CD:

Integração Contínua (CI): A prática de fundir as cópias de trabalho de todos os programadores numa linha principal partilhada várias vezes por dia. Ferramentas como Jenkins, Travis CI, CircleCI e GitHub Actions automatizam o processo de construção e teste.

Implantação contínua (CD): A prática de implantar automaticamente todas as alterações que passam por todos os estágios do pipeline de produção para a produção. Isso inclui teste, integração e implantação automatizados. Ferramentas como Spinnaker, Argo CD e Azure DevOps facilitam a CD.

Ferramentas de CI/CD:

Jenkins: Um servidor de automação de código aberto que suporta a criação, a implantação e a automação de qualquer projeto.

Travis CI: Um serviço de CI alojado para projectos de código aberto e privados, integrado no GitHub.

GitHub Actions: Fornece fluxos de trabalho CI/CD diretamente nos repositórios do GitHub.

Azure DevOps: Um conjunto de ferramentas de desenvolvimento para planear, desenvolver e fornecer aplicações, incluindo o Azure Pipelines para CI/CD.

Conclusão

As aplicações e o desenvolvimento na nuvem envolvem uma mistura de princípios arquitectónicos modernos, ferramentas e estruturas de desenvolvimento robustas, contentorização, microsserviços e práticas eficazes de DevOps com pipelines de CI/CD. Esses elementos juntos garantem que os aplicativos em nuvem sejam escalonáveis, resilientes e possam ser rapidamente desenvolvidos e implantados para atender às necessidades comerciais. Como a tecnologia de nuvem continua a evoluir, manter-se atualizado com as melhores práticas e ferramentas é crucial para o desenvolvimento bem-sucedido de aplicativos em nuvem.

CAPÍTULO 7

ARMAZENAMENTO EM NUVEM E BASES DE DADOS

Serviços de armazenamento em nuvem

Os serviços de armazenamento na nuvem oferecem soluções de armazenamento escaláveis, duradouras e seguras para várias necessidades de dados. Normalmente, são classificados em armazenamento de objectos, blocos e ficheiros.

Armazenamento de objectos:

Descrição geral: Armazena dados como objectos (ficheiros), juntamente com metadados e um identificador único. Casos de uso: Ideal para dados não estruturados, como imagens, vídeos, backups e registos.
Exemplos:

Amazon S3 (Simple Storage Service): Serviço de armazenamento altamente escalável e duradouro com funcionalidades como o controlo de versões, políticas de ciclo de vida e replicação entre regiões.

Armazenamento de Blobs do Azure: Oferece níveis quentes, frios e de arquivo para uma gestão de armazenamento económica.

Armazenamento em nuvem do Google: Fornece classes de armazenamento regionais, multi-regionais, nearline e coldline.

Armazenamento em bloco:

Visão geral: Fornece volumes de armazenamento em bruto que podem ser ligados a máquinas virtuais, semelhantes às unidades de disco tradicionais.

Casos de uso: Adequado para bases de dados, sistemas de ficheiros VM e aplicações que requerem um acesso de baixa latência aos dados.

Exemplos:

Amazon EBS (Elastic Block Store): Fornece armazenamento em bloco de alto desempenho para instâncias EC2 com vários tipos de volume (GP3, IO2, ST1, etc.).

Armazenamento de Disco do Azure: Discos geridos que oferecem alta disponibilidade e desempenho para VMs do Azure.

Google Persistent Disk: Armazenamento em bloco durável e de alto desempenho para instâncias de VM do GCP.

Armazenamento de ficheiros:

Visão geral: Oferece um sistema de ficheiros partilhado que pode ser acedido por várias máquinas virtuais.

Casos de utilização: Ideal para aplicações que requerem acesso partilhado a ficheiros, tais como sistemas de gestão de conteúdos, fluxos de trabalho de processamento de multimédia e directórios pessoais.

Exemplos:

Amazon EFS (Elastic File System): Fornece armazenamento de ficheiros escalável para utilização com a AWS Cloud e recursos no local.

Ficheiros do Azure: Partilhas de ficheiros geridas na nuvem que utilizam o protocolo SMB padrão.

Google Cloud Filestore: Serviço de armazenamento de ficheiros gerido para aplicações que requerem uma interface de sistema de ficheiros e um sistema de ficheiros partilhado.

Serviços de base de dados

Os serviços de bases de dados na nuvem oferecem soluções geridas para armazenar e gerir dados, tanto estruturados como não estruturados.

Bases de dados SQL:

Descrição geral: Bases de dados relacionais que utilizam uma linguagem de consulta estruturada (SQL) para definir e manipular dados. Asseguram as propriedades ACID (Atomicidade, Consistência, Isolamento, Durabilidade).

Casos de utilização: Adequado para aplicações transaccionais, armazenamento de dados e análises. Exemplos:
Amazon RDS (Serviço de Base de Dados Relacional): Suporta vários motores de bases de dados, incluindo MySQL, PostgreSQL, Oracle, SQL Server e Amazon Aurora.

Base de dados SQL do Azure: Serviço de base de dados relacional totalmente gerido com base no Microsoft SQL Server.

Google Cloud SQL: Serviço gerido de base de dados relacional que suporta MySQL, PostgreSQL e SQL Server.

Bases de dados NoSQL:

Visão geral: Bases de dados não relacionais concebidas para modelos de dados escaláveis e flexíveis, incluindo bases de dados de valores chave, documentos, famílias de colunas e gráficos.

Casos de uso: Ideal para aplicações Web de grande escala, análises em tempo real, aplicações IoT e armazenamento de dados não estruturados.

Exemplos:

Amazon DynamoDB: Serviço de base de dados NoSQL gerido que proporciona um desempenho rápido e previsível com uma escalabilidade perfeita.

Azure Cosmos DB: Serviço de base de dados multi-modelo distribuído globalmente que suporta modelos de dados de documento, valor-chave, gráfico e família de colunas.

Google Firestore: Base de dados de documentos NoSQL criada para escalonamento automático, elevado desempenho e facilidade de desenvolvimento de aplicações.

Estratégias de gestão e migração de dados

Gerir e migrar dados para a nuvem envolve um planeamento e execução cuidadosos para garantir a integridade dos dados, a segurança e um tempo de inatividade mínimo.

Gestão de dados: Classificação de dados: Categorizar os dados com base na sensibilidade e importância para determinar soluções de armazenamento e medidas de segurança adequadas.

Gestão do ciclo de vida dos dados: Implementar políticas de retenção, arquivo e eliminação de dados para gerir os dados de forma eficiente e económica.

Cópia de segurança e recuperação: Efetuar regularmente cópias de segurança dos dados e implementar planos de recuperação de desastres para garantir a disponibilidade e a durabilidade dos dados.

Estratégias de migração: Lift and Shift: Mover as aplicações e os dados existentes para a nuvem com alterações mínimas. Essa abordagem é rápida, mas pode não aproveitar todos os benefícios da nuvem.

Replataforma: Fazer algumas optimizações nas aplicações durante a migração para tirar partido das vantagens da nuvem sem alterações significativas na arquitetura.

Refatoração: Redesenhar as aplicações para explorar totalmente os recursos e serviços nativos da nuvem, o que pode melhorar o desempenho, a escalabilidade e a eficiência de custos, mas exige mais esforço e tempo.

Nuvem híbrida: Utilizar uma combinação de recursos no local e na nuvem para efetuar uma transição gradual e manter as cargas de trabalho críticas no local, se necessário.

Ferramentas e serviços de migração:

AWS:

AWS Database Migration Service (DMS): ajuda a migrar bases de dados para o AWS com um tempo de inatividade mínimo.

AWS Snowball: Dispositivos físicos para transferência de dados ao mover grandes quantidades de dados para o AWS.

Azure:

Serviço de Migração de Bases de Dados do Azure: Ajuda na migração de bases de dados para o Azure.

Migração para o Azure: Fornece um hub centralizado para avaliar e migrar cargas de trabalho no local para o Azure.

GCP:

Serviço de migração de bases de dados: Suporta migrações contínuas de bases de dados MySQL, PostgreSQL e SQL Server para o GCP.

Dispositivo de transferência: Dispositivos de armazenamento físico para mover grandes conjuntos de dados para o Google Cloud.

Conclusão

Os serviços de armazenamento em nuvem e de bases de dados oferecem soluções flexíveis, escaláveis e seguras para gerir e armazenar dados. Compreender as diferenças entre armazenamento de objectos, blocos e ficheiros ajuda a selecionar o serviço certo para casos de utilização específicos. Do mesmo modo, a escolha entre bases de dados SQL e NoSQL depende do modelo de dados e dos requisitos da aplicação. Estratégias eficazes de gestão e migração de dados garantem uma transição suave para a nuvem, aproveitando as ferramentas e os serviços fornecidos pelos fornecedores de nuvem para minimizar os riscos e o tempo de inatividade.

CAPÍTULO 8

REDE EM NUVEM

Redes em nuvem

A ligação em rede na nuvem envolve a gestão e a otimização dos recursos de rede num ambiente de nuvem para garantir uma conetividade segura, fiável e eficiente. Os principais componentes do sistema de rede em nuvem incluem nuvens privadas virtuais (VPCs), redes de distribuição de conteúdo (CDNs), segurança de rede e rede híbrida.

Nuvens privadas virtuais (VPCs)

Uma Nuvem Privada Virtual (VPC) é uma rede virtual dedicada a um locatário específico dentro de uma nuvem pública. Fornece isolamento, segurança e controlo sobre os recursos de rede.

Características:

Sub-rede: Divida a VPC em sub-redes para segmentar o tráfego de rede.

Endereçamento IP: Atribuir endereços IP privados dentro da VPC e, opcionalmente, conectar-se a endereços IP públicos.

Tabelas de Rota: Controlam o encaminhamento do tráfego dentro da VPC e entre a VPC e outras redes.

Listas de Controlo de Acesso à Rede (NACLs): Fornecem filtragem sem estado do tráfego que entra e sai das sub-redes.

Grupos de segurança: Regras de segurança com estado que controlam o tráfego de entrada e saída para os recursos da VPC.

Exemplos:

AWS VPC: Oferece configurações de rede flexíveis, incluindo emparelhamento VPC, gateways de trânsito e Direct Connect.

Rede Virtual do Azure (VNet): Fornece conetividade entre recursos do Azure, redes locais e outras VNets.

Google Cloud VPC: suporta redes globais e permite configurações de rede flexíveis e escaláveis.

Redes de distribuição de conteúdos (CDN)

Uma rede de distribuição de conteúdos (CDN) é uma rede distribuída de servidores que fornecem conteúdos e aplicações Web aos utilizadores com base na sua localização geográfica, garantindo um acesso mais rápido e fiável.

Características:

Armazenamento em cache: armazena cópias do conteúdo em locais mais próximos dos utilizadores finais.

Distribuição geográfica: Implanta servidores em vários locais em todo o mundo para reduzir a latência.

Balanceamento de carga: Distribui o tráfego por vários servidores para melhorar o desempenho e a fiabilidade.

Segurança: Fornece funcionalidades como proteção DDoS, encriptação SSL/TLS e firewalls de aplicações Web (WAF).

Exemplos:

Amazon CloudFront: Integra-se com os serviços da AWS e fornece recursos abrangentes de segurança e desempenho.

Azure CDN: Oferece cobertura global com vários fornecedores e integra-se nos serviços Azure.

Google Cloud CDN: integra-se no Google Cloud Storage e no Compute Engine, fornecendo cache e aceleração globais.

Segurança de rede na nuvem

Garantir a segurança das redes em nuvem é fundamental para proteger os dados e as aplicações contra ameaças e vulnerabilidades.

Encriptação: Em trânsito: Criptografar dados enquanto eles trafegam entre clientes, aplicativos e serviços de nuvem usando SSL/TLS.

Em repouso: Encriptar os dados armazenados utilizando serviços de encriptação de fornecedores de serviços na nuvem ou soluções personalizadas.

Firewalls: Grupos de segurança: Firewalls com estado que controlam o tráfego de e para recursos de nuvem com base em regras.

ACLs de rede: Firewalls sem estado que controlam o fluxo de tráfego ao nível da sub-rede.

Gestão de Identidade e Acesso (IAM): Controlos de acesso: Implementar o acesso de privilégio mínimo aos recursos da rede.

Autenticação multi-fator (MFA): Adicione uma camada extra de segurança para aceder aos recursos da rede.

Monitorização e registo: Ferramentas do provedor de nuvem: Use serviços como o AWS CloudTrail, o Azure Monitor e o Google Cloud Logging para rastrear e registrar a atividade da rede.

Sistemas de deteção de intrusão (IDS): Implemente IDS para detetar e responder a actividades de rede suspeitas.

Melhores práticas:

Atualizar e corrigir regularmente os dispositivos e o software de rede. Realizar auditorias de segurança e verificações de conformidade.

Implementar planos de resposta a incidentes. Redes híbridas

A rede híbrida envolve a integração de redes na nuvem com redes no local, fornecendo uma ligação perfeita e segura entre diferentes ambientes.

VPN (Virtual Private Network):

Estabelece túneis seguros através da Internet para ligar redes no local a ambientes de nuvem.

Exemplos: AWS Site-to-Site VPN, Azure VPN Gateway, Google Cloud VPN.

Direct Connect/ExpressRoute/Interconnect: Fornece conexões privadas e dedicadas entre data centers locais e ambientes de nuvem, oferecendo menor latência e maior largura de banda.

Exemplos: AWS Direct Connect, Azure ExpressRoute, Google Cloud Interconnect.

Arquitecturas de nuvem híbrida: Replicação de dados: Sincronizar dados entre ambientes locais e de nuvem usando ferramentas como o AWS Database Migration Service, o Azure Data Sync e o Google Cloud Data Transfer.

Aplicações híbridas: Desenvolva aplicações que possam ser executadas sem problemas em ambientes locais e na nuvem, aproveitando contentores e microsserviços para obter flexibilidade.

Considerações sobre segurança: Garantir políticas de segurança consistentes em ambientes locais e na nuvem.

Implementar ferramentas unificadas de monitorização e gestão para controlar e proteger o tráfego da rede híbrida.

Conclusão

A rede em nuvem engloba várias tecnologias e práticas para garantir uma conetividade eficiente, segura e fiável em ambientes de nuvem e entre a nuvem e as redes no local. As VPCs fornecem redes virtuais isoladas e personalizáveis, as CDNs melhoram o desempenho da entrega de conteúdo, medidas robustas de segurança de rede protegem contra ameaças e a rede híbrida integra a nuvem com a infraestrutura local para flexibilidade e escalabilidade. Compreender e implementar esses componentes é essencial para aproveitar todo o potencial da computação em nuvem.

CAPÍTULO 9

DESEMPENHO E MONITORIZAÇÃO NA NUVEM

A gestão e a monitorização do desempenho são aspectos cruciais da computação em nuvem, garantindo que as aplicações e os serviços funcionam de forma eficiente, fiável e económica. Isto envolve a monitorização das principais métricas, a otimização da utilização de recursos e a gestão eficaz dos custos.

Gestão do desempenho na nuvem

O gerenciamento de desempenho na nuvem envolve a otimização do desempenho de aplicativos, infraestrutura e serviços para atender aos requisitos do usuário e aos objetivos comerciais. As principais considerações incluem:

Escalabilidade: Projetar aplicativos e infraestrutura para escalar dinamicamente com base na demanda. Utilize os recursos de dimensionamento automático fornecidos pelas plataformas de nuvem para adicionar ou remover recursos automaticamente.

Latência e tempo de resposta: Monitorize a latência e os tempos de resposta para garantir uma experiência óptima para o utilizador. Optimize as configurações de rede, o armazenamento de dados e a conceção de aplicações para minimizar a latência.

Utilização de recursos: Monitorizar a utilização da CPU, da memória, do disco e da rede para identificar estrangulamentos e otimizar a atribuição de recursos. Utilize ferramentas do provedor de nuvem e soluções de terceiros para monitoramento de desempenho em tempo real.

Desempenho da base de dados: Otimizar as consultas, os índices e as configurações da base de dados para melhorar o desempenho. Utilizar mecanismos de cache e réplicas de leitura para distribuir operações de leitura e reduzir a carga nas bases de dados primárias.

Monitorização do desempenho das aplicações (APM): Implemente soluções de APM para acompanhar o desempenho das aplicações, identificar problemas de desempenho e resolver estrangulamentos. Monitorizar registos, métricas e rastreios de aplicações para obter informações sobre o comportamento das aplicações.

Ferramentas e práticas de monitorização

O monitoramento eficaz é essencial para identificar problemas de desempenho, detetar anomalias e garantir a integridade e a disponibilidade dos recursos da nuvem. As principais ferramentas e práticas incluem:

Ferramentas de monitorização do fornecedor de serviços em nuvem:

AWS: O CloudWatch fornece monitorização e observabilidade para recursos AWS, incluindo métricas, registos e alarmes.

Azure: O Azure Monitor oferece monitorização e diagnóstico abrangentes para recursos, aplicações e cargas de trabalho do Azure.

Google Cloud: O Stackdriver Monitoring fornece visibilidade sobre o desempenho, o tempo de atividade e a integridade dos serviços e aplicativos do GCP.

Soluções de monitorização de terceiros:

Ferramentas como Datadog, New Relic e Prometheus oferecem recursos avançados de monitoramento, incluindo painéis personalizáveis, alertas e análises.

Estas soluções integram-se em plataformas de nuvem e fornecem informações mais aprofundadas sobre o desempenho das aplicações e das infra-estruturas.

Registo e gestão de registos:

Centralize o registo de serviços na nuvem, aplicações e componentes de infraestrutura para resolução de problemas e análise.

Use soluções de gerenciamento de logs como ELK Stack (Elasticsearch, Logstash, Kibana), Splunk ou Sumo Logic para agregação, pesquisa e visualização de logs.

Alerta e resposta a incidentes:

Configurar alertas com base em limites predefinidos para métricas, registos e eventos.

Implementar processos de resposta a incidentes para resolver prontamente problemas de desempenho e interrupções.

Otimização de recursos e gestão de custos

A otimização da utilização dos recursos e a gestão dos custos são essenciais para maximizar a eficiência e a rentabilidade das implementações na nuvem. As principais práticas incluem:

Redimensionamento:

Analisar os padrões de utilização de recursos e redimensionar instâncias, bases de dados e volumes de armazenamento para corresponder à procura real.

Utilize ferramentas do fornecedor de serviços de computação em nuvem e soluções de terceiros para recomendações e análises de rightsizing.

Instâncias reservadas e planos de poupança:

Comprometer-se com instâncias reservadas ou planos de poupança para cargas de trabalho previsíveis para beneficiar de poupanças de custos significativas.

Utilize a flexibilidade do tamanho da instância e as reservas convertíveis para se adaptar a requisitos variáveis.

Instâncias Spot e VMs Preemptible:

Utilize instâncias pontuais (AWS) ou VMs preemptivas (GCP) para cargas de trabalho não críticas e tolerantes a falhas para tirar partido de preços com desconto.

Utilize estratégias de licitação e gestão automatizada de instâncias para instâncias pontuais.

Otimização do armazenamento:

Implementar políticas de ciclo de vida e estratégias de armazenamento em camadas para otimizar os custos de armazenamento. Arquivar ou eliminar dados que já não são necessários para reduzir a utilização e os custos de armazenamento. **Visibilidade dos custos e orçamentação:**
Monitorizar e acompanhar as despesas com a nuvem utilizando ferramentas de gestão de custos fornecidas pelos fornecedores de serviços de computação em nuvem.

Defina orçamentos e alertas para gerir proactivamente os custos e evitar gastos excessivos.

Conclusão

O gerenciamento e o monitoramento do desempenho são essenciais para garantir a confiabilidade, a escalabilidade e a economia das implantações de nuvem. Ao monitorar as principais métricas, otimizar o uso de recursos e implementar estratégias de gerenciamento de custos, as organizações podem manter o desempenho ideal, detetar e resolver problemas prontamente e otimizar os custos para maximizar o valor dos investimentos em nuvem. A utilização de ferramentas de fornecedores de serviços em nuvem, soluções de terceiros e práticas recomendadas permite que as organizações obtenham maior visibilidade, controlo e eficiência nos seus ambientes de nuvem.

CAPÍTULO 10

TENDÊNCIAS FUTURAS DA COMPUTAÇÃO EM NUVEM

A computação em nuvem continua a evoluir rapidamente, com várias tendências emergentes a moldar o futuro do sector. As principais tendências incluem:

Computação de ponta

A computação periférica aproxima a computação e o armazenamento de dados do local onde são necessários, reduzindo a latência e permitindo o processamento em tempo real de dados de dispositivos IoT, sensores e dispositivos periféricos. Os principais aspectos da computação periférica incluem:

Arquitetura distribuída: A implantação de recursos de computação mais próximos da borda permite um processamento de dados mais rápido e reduz a necessidade de enviar dados de volta para centros de dados em nuvem centralizados.

Conectividade 5G: A implantação de redes 5G acelera ainda mais a adoção da computação periférica, fornecendo conetividade de alta velocidade e baixa latência para suportar aplicações como veículos autónomos, cidades inteligentes e IoT industrial.

IA de borda: a integração de capacidades de IA na borda permite a tomada de decisões inteligentes e a análise em tempo real sem depender da conetividade da nuvem, melhorando a eficiência e a capacidade de resposta em vários casos de utilização.

Computação sem servidor

A computação sem servidor, também conhecida como FaaS (Function-as-a-Service), abstrai a gestão da infraestrutura, permitindo que os programadores se concentrem na escrita de código sem se preocuparem com o aprovisionamento ou escalonamento do servidor. As principais tendências da computação sem servidor incluem:Arquitecturas orientadas para eventos: A computação sem servidor é adequada para aplicativos orientados a eventos, em que as funções são acionadas por eventos como solicitações HTTP, alterações no banco de dados ou dados de sensores IoT.

Sem servidor híbrido e multi-nuvem: As organizações estão a adotar o serverless em ambientes híbridos e multi-cloud, tirando partido de serviços como o AWS Lambda, o Azure Functions e o Google Cloud Functions.

Containerização e sem servidor: A combinação de contentores com arquitecturas sem servidor permite uma maior flexibilidade e portabilidade das aplicações, permitindo que os programadores executem funções em contentores leves e efémeros.

IA e aprendizagem automática na nuvem

A integração das capacidades de IA e de aprendizagem automática nos serviços em nuvem permite às organizações tirar partido da análise avançada, do processamento de linguagem natural, da visão por computador e da modelação preditiva. As principais tendências em IA e aprendizagem automática na nuvem incluem:

Serviços geridos de IA: Os fornecedores de cloud oferecem serviços de IA geridos, como o Amazon SageMaker, o Azure Machine Learning e o Google Cloud AI Platform, fornecendo modelos pré-construídos, infra-estruturas de formação e ferramentas de implementação.

AutoML e Democratização da IA: As ferramentas AutoML simplificam o processo de construção e treino de modelos de aprendizagem automática, tornando a IA acessível a programadores e organizações sem conhecimentos especializados.

IA na periferia: Levar as capacidades de IA para dispositivos de periferia e pontos finais da IoT permite a inferência e a tomada de decisões em tempo real sem depender da conetividade com a nuvem, melhorando a capacidade de resposta e a privacidade.

Computação quântica e nuvem

A computação quântica promete resolver problemas complexos que são atualmente intratáveis para os computadores clássicos, como a criptografia, a otimização e a ciência dos materiais. As principais tendências da computação quântica e sua integração com os serviços em nuvem incluem:

Serviços de Nuvem Quântica: Os fornecedores de serviços em nuvem oferecem serviços de computação quântica e APIs, permitindo aos programadores experimentar algoritmos quânticos e aceder a hardware quântico sem possuir uma infraestrutura especializada.

Computação Quântica-Clássica Híbrida: Os algoritmos híbridos quântico-clássicos combinam técnicas de computação clássica e quântica para resolver problemas práticos de forma eficiente, tirando partido dos pontos fortes de ambos os paradigmas.

Criptografia de segurança quântica: Uma vez que os computadores quânticos representam uma ameaça para os algoritmos criptográficos tradicionais, as organizações estão a explorar técnicas de criptografia quântica segura para proteger os seus dados e comunicações em antecipação de futuros ataques quânticos.

Conclusão

O futuro da computação em nuvem é caracterizado por tendências como a computação de ponta, a computação sem servidor, a IA e a aprendizagem automática e a computação quântica. Estas tendências prometem revolucionar a forma como os dados são processados, analisados e utilizados, permitindo às organizações inovar e resolver problemas complexos de formas anteriormente inimagináveis. Ao manterem-se a par destas tendências e ao tirarem partido das tecnologias emergentes, as organizações podem aproveitar todo o potencial da cloud para impulsionar o crescimento do negócio e a vantagem competitiva.

CAPÍTULO 11

ESTUDOS DE CASOS E PROJECTOS

Estudos de casos reais de implementações na nuvem

Netflix (AWS):

Visão geral: A Netflix migrou a sua plataforma de transmissão de vídeo para o AWS para obter escalabilidade, fiabilidade e alcance global.

Principais recursos: Utiliza serviços AWS como EC2 para computação, S3 para armazenamento e Lambda para processamento sem servidor.

Benefícios: Escalabilidade melhorada para lidar com picos de tráfego, custos de infraestrutura reduzidos e tempo de colocação no mercado mais rápido para novas funcionalidades.

Airbnb (AWS):

Visão geral: A Airbnb utiliza a AWS para o seu mercado online, gerindo milhões de anúncios em todo o mundo.

Principais características: Utiliza o AWS para computação, armazenamento e bases de dados, com uma arquitetura de microsserviços para flexibilidade e escalabilidade.

Benefícios: Infraestrutura escalável para lidar com a flutuação da procura, melhor desempenho e fiabilidade, e segurança e conformidade melhoradas.

NASA/JPL Mars Rover (Azure):

Descrição geral: O Jet Propulsion Laboratory (JPL) da NASA utiliza o Azure para análise de dados e planeamento de missões para os rovers de Marte.

Principais características: O Azure fornece capacidades de armazenamento, processamento e análise de dados baseados na nuvem, permitindo aos cientistas analisar grandes quantidades de dados recolhidos pelos rovers.

Benefícios: Processamento de dados acelerado, melhor colaboração entre cientistas e custos reduzidos em comparação com soluções locais.

Projectos práticos para aplicar os conceitos aprendidos ao longo do curso

1. **Implantação de um aplicativo da Web no AWS:**
• Objetivo: Criar um aplicativo da Web simples usando serviços do AWS, como EC2, S3 e RDS, e implantá-lo usando o Elastic Beanstalk ou um pipeline de CI/CD.
• Tarefas: Configurar instâncias EC2 para alojamento, utilizar S3 para armazenamento de conteúdo estático e RDS para gestão de bases de dados. Configurar o dimensionamento automático e o balanceamento de carga para alta disponibilidade.

2. **Criando uma API sem servidor com o AWS Lambda:**
• Objetivo: Desenvolver uma API sem servidor usando o AWS Lambda, o API Gateway e o DynamoDB, e implantá-la usando o SAM (Modelo de aplicativo sem servidor) ou a Estrutura sem servidor.
• Tarefas: Definir pontos de extremidade e funções de API com o Lambda, configurar o armazenamento e a recuperação de dados com o DynamoDB e configurar o Gateway de API para lidar com solicitações HTTP.

3. **Implementação de modelos de aprendizagem automática no Google Cloud Platform:**
• Objetivo: Criar e implementar modelos de aprendizagem automática no Google Cloud Platform utilizando o AI Platform ou o TensorFlow Extended (TFX).
• Tarefas: Treinar modelos de aprendizagem automática utilizando o TensorFlow

ou outras estruturas, implementar modelos na Plataforma de IA para inferência e monitorizar o desempenho do modelo utilizando o Cloud Monitoring.

4. Desenvolver um Dashboard Analítico em Tempo Real com o Azure:

- Objetivo: Criar um dashboard de análise em tempo real utilizando serviços do Azure como Hubs de Eventos, Stream Analytics e Power BI.

- Tarefas: Ingerir dados de streaming com Hubs de Eventos, processar e analisar dados com o Stream Analytics e visualizar insights com dashboards do Power BI.

5. Implantação de nuvem híbrida com AWS e Azure:

- Objetivo: Configurar um ambiente de nuvem híbrida usando AWS e Azure, integrando a infraestrutura local com serviços de nuvem.

- Tarefas: Estabelecer ligações VPN ou emparelhamento direto entre centros de dados locais e redes na nuvem, migrar cargas de trabalho para a nuvem e implementar a gestão de identidades e acessos híbridos.

Conclusão

Os estudos de caso fornecem informações sobre implementações de nuvem do mundo real por líderes do setor, demonstrando os benefícios e os desafios da adoção de tecnologias de nuvem. Os projectos práticos oferecem experiência prática na aplicação dos conceitos de nuvem aprendidos ao longo do curso, permitindo aos alunos criar, implementar e gerir soluções de nuvem utilizando as principais plataformas de nuvem como AWS, Azure e Google Cloud Platform. Ao concluir estes projectos, os formandos adquirem competências e experiência valiosas que os preparam para os desafios e oportunidades da computação em nuvem no mundo real.

REFERÊNCIAS

1. T. Kalaiselvi, G. Saravanan, T. Haritha, A. V. Santhosh Babu, M. Sakthivel, Sampath Boopathi. "capítulo 16 Um estudo sobre o panorama da computação sem servidor" , IGI Global, 2024.

2. S. Abirami, Santosh K. C., R. Somasundaram, Kavitha K. S., Harshita Gangadhar Patil, Sureshkumar Myilsamy. "Capítulo 14 Adoção de Computação em Nuvem para Pequenas e Médias Empresas em Engenharia e Aspectos Ambientais", IGI Global, 2024.

3. Amirhossein Hossein Nia, Farhoud Jafari Kaleibar, Fatemehzahra Feizi, Fatemeh Rahimi, Houman Kashfi. "Unlocking the Power of Data in Telecom: Building an Effective MLOps Infrastructure for Model Deployment", 2023 7th Iranian Conference on Advances in Enterprise Architecture (ICAEA), 2023.

4. Yogita yashveer Raghav, Dr. Vaibhav vyas,Hema Rani," Load balancing using dynamic algorithms for cloud environment: A survey, Materials Today: Proceedings 69, 349-353.

5. Gulia, S., Pandey, P., & Raghav, Y. Y. (2024). Dados multimédia no sistema de saúde. Engenharia de dados supervisionada e não supervisionada para dados multimédia, 63-92.

6. J. Uma Maheswari, S. Vijayalakshmi, Rajiv Gandhi N, Laith H. Alzubaidi, Khonimkulov Anvar, R. Elangovan. "Privacidade e segurança dos dados em ambientes de computação em nuvem" , E3S Web of Conferences, 2023.

7. Kai Yang. "Quality in the Era of Industry 4.0" , Wiley, 2024.

8. Diogo A. B. Fernandes, Liliana F. B. Soares, João V. Gomes, Mário M. Freire, Pedro R. M. Inácio. "Questões de segurança em ambientes de nuvem: um levantamento" , International Journal of Information Security, 2013.

9. Pethuru Raj, Anupama Raman. "Centros de nuvem definidos por software",

Springer Science and Business Media LLC, 2018.

10. Pawan Kumar Goel. "capítulo 9 Protocolos de comunicação segura para a nuvem e a IoT", IGI Global, 2024

11. Pandey, P., Raghav, Y. Y., Gulia, S., Aggarwal, S., & Kumar, N. (2024). Técnicas de aprendizagem supervisionada e não supervisionada para sistemas biométricos. Engenharia de dados supervisionada e não supervisionada para dados multimédia, 263-299.

12. Yogita Yashveer Raghav, "Review of fragmentation and replication in Distributed Database" publicado na revista International Journal of Research (IJR) (Volume 3, Issue 12 April 2018. ISSN-2348- 6848), revista internacional arbitrada e indexada para publicação de pesquisa com fator de impacto 5.60 revista aprovada pela UGC.

13. Mamoona Humayun, Noshina Tariq, Majed Alfayad, Muhammad Zakwan, Ghadah Alwakid, Mohammed Assiri. "Proteger a Internet das Coisas na Era da Inteligência Artificial: A Comprehensive Survey" , IEEE Access, 2024

14. Dan Sullivan. "Guia de estudo oficial do arquiteto de nuvem profissional certificado pelo Google Cloud", Wiley, 2019.

15. Liang Wang, Jianxin Zhao. "Strategic Blueprint for Enterprise Analytics" , Springer Science and Business Media LLC, 2024.

16. Raghav, Y. Y., & Pandey, P. (2024). Adoção da computação em nuvem verde para a sustentabilidade ambiental: An Analysis. Em Estratégias de Convergência para Computação Verde e Desenvolvimento Sustentável (pp. 138-151). IGI Global.

17. Raghav, Y. Y., & Vyas, V. (2024). Balanceamento de carga usando inteligência de enxame em ambiente de nuvem para desenvolvimento sustentável. Em Estratégias de Convergência para Computação Verde e Desenvolvimento Sustentável (pp. 165-181). IGI Global.

18. Raghav, Y. Y. & Kait, R. (2024). Computação de borda capacitando a

computação distribuída na borda. Em D. Darwish (Ed.), Emerging Trends in Cloud Computing Analytics, Scalability, and Service Models (pp. 67-83). IGI Global. https://doi.org/10.4018/979-8-3693-0900-1.ch003

19. Raghav, Y. Y., & Vyas, V. (2023). Um relatório de análise comparativa de algoritmos inspirados na natureza para balanceamento de carga em ambiente de nuvem. Em Mulheres na Computação Suave (pp. 47-63). Cham: Springer Nature Switzerland.

20. Puthiyavan Udayakumar. "Conceber e implementar um ambiente Azure seguro", Springer Science and Business Media LLC, 2023.

21. Verma, S. K., Singh, D., Raghav, Y. Y., Hemelatha, S., Kannimuthu, S., & Banchhor, C. O. (2023, setembro). Projeto de protocolo MAC colaborativo para vida útil de rede aprimorada em redes Ad Hoc móveis. Em 2023, 6ª Conferência Internacional sobre Computação Contemporânea e Informática (IC3I) (Vol. 6, pp. 2082-2088). IEEE.

22. Yogita yashveer Raghav, Dr. Vaibhav," ACBSO: a hybrid solution for load balancing using ant colony and bird swarm optimization algorithms", International Journal of Information Technology, 1-11, Springer Nature Singapore.

23. Dewan, M., Mudgal, A., Pandey, P., Raghav, Y. Y., Gupta, T. (2023). Previsão de complicações na gravidez usando aprendizado de máquina. Em D. Satishkumar & P. Maniiarasan (Eds.), Ferramentas tecnológicas para prever complicações na gravidez (pp. 141-160). IGI Global. https://doi.org/10.4018/979-8-3693-1718-1.ch008

24. Raghav, Y. Y. & Gulia, S. (2023). A ascensão da inteligência artificial e suas implicações na espiritualidade. Em S. Chakraborty (Ed.), Investigando o impacto da IA na ética e na espiritualidade (pp. 165-178). IGI Global. https://doi.org/10.4018/978-1-6684-9196-6.ch011

25. Y. Y. Raghav e V. Vyas, Uma análise comparativa de diferentes algoritmos

de balanceamento de carga em diferentes parâmetros na computação em nuvem, " 2019 3ª Conferência Internacional sobre Desenvolvimentos Recentes em Controle, Automação & Engenharia de Energia (RDCAPE), Noida, Índia, 2019,pp. 628-634, doi: 10.1109/RDCAPE47089.2019.8979122.

26. Gupta, T., Pandey, P., Raghav, Y. Y. (2023). Impacto das plataformas de mídia social no processo de tomada de decisão do consumidor na indústria de alimentos e mercearia. Em T. Tarnanidis,M. Vlachopoulou, & J. Papathanasiou (Eds.), Influências das mídias sociais nos processos de tomada de decisão do consumidor na indústria de alimentos e mercearia (pp. 119-139). IGI Global. https://doi.org/10.4018/978- 1-6684-8868-3.ch006

27. Raghav, Y. Y., Tipu, R. K., Bhakhar, R., Gupta, T., & Sharma, K. (2024). O futuro do marketing digital: Alavancando a Inteligência Artificial para Estratégias e Táticas Competitivas. Em The Use of Artificial Intelligence in Digital Marketing: Competitive Strategies and Tactics (pp. 249-274). IGI Global.

28. Raghav, Y. Y., Vyas, V; Rani, H. (2022). Balanceamento de carga usando algoritmos dinâmicos para ambiente de nuvem: A survey. Materials Today: Proceedings, 69, 349-353.

29. Yogita yashveer Raghav, Dr.Vaibhav vyas,Hema Rani," Load balancing using dynamic algorithms for cloud environment: A survey, Materials Today: Proceedings 69, 349-353.

yes

I want morebooks!

Buy your books fast and straightforward online - at one of world's fastest growing online book stores! Environmentally sound due to Print-on-Demand technologies.

Buy your books online at
www.morebooks.shop

Compre os seus livros mais rápido e diretamente na internet, em uma das livrarias on-line com o maior crescimento no mundo! Produção que protege o meio ambiente através das tecnologias de impressão sob demanda.

Compre os seus livros on-line em
www.morebooks.shop

Printed by Books on Demand GmbH, Norderstedt / Germany